# Hablemos sobre IA

## "10 preguntas y sus posibles respuestas"

**Sixto D. Rojas**

marzo de 2023

© Hablemos sobre IA "10 preguntas y sus posibles respuestas"
© de la imagen de cubiertas: you.com
Diseño de portada: generador de imágenes con IA
you.com

Iª edición

Concepción (Chile)
Marzo de 2023

*"Este libro está dedicado a todos aquellos desarrolladores que han pasado su vida entera intentando alcanzar la máxima expresión en la evolución de la inteligencia artificial"*

## Nota del autor:

Querido lector, me gustaría enfatizar que este libro no tiene la intención de ser un estudio científico o una revisión bibliográfica exhaustiva sobre el tema de la inteligencia artificial. Mi objetivo principal es ofrecer mi visión personal, basada en mi experiencia y en las fuentes consultadas, sobre las 10 preguntas que rodean a la IA desde mi punto de vista. Es importante tener en cuenta que puede haber sesgos en mi perspectiva, por lo que recomiendo consultar otras fuentes y bibliografía asociada si desean profundizar en los temas tratados. Agradezco su atención y espero que disfrute de la lectura.

# Índice

# Introducción

La inteligencia artificial (IA) es una tecnología en constante evolución que tiene el potencial de revolucionar muchos aspectos de nuestra vida diaria. Se refiere al uso de algoritmos y sistemas informáticos para realizar tareas que normalmente requieren inteligencia humana, como la toma de decisiones, el reconocimiento de patrones y la resolución de problemas. A medida que la tecnología continúa avanzando, la IA se está convirtiendo en una parte cada vez más integral de nuestra sociedad y economía.

El propósito de la inteligencia artificial es ayudar a automatizar y mejorar una amplia gama de procesos y actividades. La IA se utiliza para mejorar la eficiencia y la precisión en industrias como la manufactura, la atención médica, la agricultura, el transporte y la logística, entre otras. También se utiliza para mejorar la experiencia del usuario en productos y servicios digitales, como asistentes de voz, chatbots y sistemas de recomendación.

Las aplicaciones prácticas de la IA son numerosas y variadas. En la atención médica, por ejemplo, se utiliza para ayudar en el diagnóstico y tratamiento de enfermedades, mientras que en la agricultura, se utiliza para optimizar el cultivo y la cosecha de cultivos. En el ámbito de la seguridad, la IA se utiliza para la detección y prevención de fraudes y la prevención del delito. En la educación, se utiliza para personalizar el aprendizaje y la retroalimentación para cada estudiante.

Los principales métodos y técnicas utilizados en la IA incluyen el aprendizaje automático, el procesamiento del lenguaje natural, la visión por computadora y la robótica. El aprendizaje automático implica entrenar a los algoritmos en grandes conjuntos de datos para que puedan aprender patrones y tomar decisiones de forma autónoma. El procesamiento del lenguaje natural se utiliza para que las computadoras puedan entender y procesar el lenguaje humano. La visión por computadora implica el análisis de imágenes y videos para reconocer patrones y objetos, mientras que la robótica se utiliza para crear robots y sistemas autónomos.

La recopilación y procesamiento de datos es esencial en la IA. Los sistemas de IA dependen de grandes cantidades de datos para entrenar y aprender. Los datos se pueden recopilar de diversas fuentes, como sensores, cámaras, dispositivos móviles y registros de transacciones. Estos datos se procesan utilizando técnicas de análisis de datos y aprendizaje automático para identificar patrones y relaciones.

Los modelos de inteligencia artificial se entrenan utilizando algoritmos de aprendizaje automático. Estos algoritmos toman los datos recopilados y los procesan para aprender patrones y relaciones en los datos. A medida que el modelo se entrena, se ajusta para mejorar su precisión y capacidad para hacer predicciones. Los modelos también pueden ser mejorados utilizando técnicas de transferencia de aprendizaje, en las cuales un modelo entrenado en una tarea se utiliza para mejorar el rendimiento en otra tarea similar.

Sin embargo, la IA también presenta desafíos y limitaciones. Uno de los mayores desafíos es la falta de transparencia y explicabilidad en los sistemas. A medida que los sistemas de IA se vuelven más complejos, se hace más difícil entender cómo toman decisiones y cómo llegan a sus conclusiones.

En esta obra, se tratarán algunas de las interrogantes que podrían presentarse al discutir acerca de la Inteligencia Artificial. Se abordará su definición y funcionamiento, así como también su propósito y relevancia en la actualidad.

# ¿Qué es la inteligencia artificial y cómo funciona?

La inteligencia artificial (IA) es una rama de la informática que se enfoca en desarrollar sistemas que puedan realizar tareas que normalmente requieren inteligencia humana, como el aprendizaje, la percepción, el razonamiento y la resolución de problemas.

Los sistemas de inteligencia artificial utilizan algoritmos y modelos matemáticos complejos para procesar grandes cantidades de datos y aprender de ellos, con el fin de tomar decisiones y realizar tareas de manera autónoma.

En general, la inteligencia artificial se divide en dos categorías: la inteligencia artificial débil o específica, que se enfoca en tareas específicas y limitadas, y la inteligencia artificial fuerte o general, que tiene como objetivo crear sistemas que puedan igualar o superar la inteligencia humana en diferentes áreas.

La inteligencia artificial busca replicar algunas de las capacidades cognitivas de los seres humanos en sistemas computacionales, lo que tiene el potencial de transformar muchas áreas de nuestra vida y trabajo.

## Inteligencia artificial débil.

La inteligencia artificial débil se refiere a sistemas que pueden realizar tareas específicas y limitadas, sin tener la capacidad de pensar o actuar como un ser humano. Estos sistemas utilizan algoritmos y modelos matemáticos complejos para procesar grandes cantidades de datos y aprender de ellos, con el fin de tomar decisiones y realizar tareas de manera autónoma. Los sistemas de reconocimiento de voz, análisis de imágenes, detección de fraudes y clasificación de correos electrónicos son ejemplos de este tipo de IA. Estos sistemas se basan en datos históricos y patrones para realizar tareas específicas, y a medida que se les proporciona más información, se vuelven más precisos y eficientes.

Los sistemas de reconocimiento de voz pueden reconocer y distinguir diferentes acentos, tonos y vocabularios. Los sistemas de análisis de imágenes identifican y clasifican objetos en imágenes, y los sistemas de detección de fraudes analizan patrones de comportamiento y transacciones financieras para identificar posibles fraudes. Los sistemas de clasificación de correos electrónicos analizan y categorizan correos electrónicos entrantes en diferentes carpetas o categorías.

Aunque los sistemas de inteligencia artificial débil son efectivos en su tarea específica, no pueden adaptarse a nuevas situaciones o aprender de tareas no relacionadas con su objetivo principal. A pesar de sus limitaciones, la inteligencia artificial débil tiene muchas aplicaciones prácticas en la vida cotidiana y en el mundo empresarial. Los sistemas de chatbots pueden proporcionar un servicio al cliente más rápido y eficiente, y los sistemas de automatización de procesos pueden mejorar la eficiencia en la producción y los procesos de negocio.

La IA débil también se utiliza en la investigación científica y la medicina. Los sistemas de análisis de datos pueden ayudar a identificar patrones y tendencias en grandes conjuntos de datos, lo que puede llevar a avances en la investigación médica y científica. Los sistemas de diagnóstico de enfermedades también pueden ayudar a los médicos a identificar enfermedades y trastornos de manera más rápida y precisa.

Sin perjuicio de todo lo anteriormente mencionado, se podría señalar que la inteligencia artificial débil no es una solución perfecta para todas las tareas y problemas, ya que estos sistemas están diseñados para realizar tareas específicas y no tienen la capacidad de pensar o razonar como un ser humano. Además, pueden ser susceptibles a errores si se les proporciona información incorrecta o incompleta.

## Inteligencia artificial fuerte

La inteligencia artificial fuerte se enfoca en crear sistemas que puedan pensar y actuar como un ser humano. Para lograr esto, se utilizan modelos de IA avanzados, como aquellos basados en redes neuronales, aprendizaje profundo e inteligencia artificial simbólica. Aunque aún no se ha creado un sistema con una capacidad de pensamiento y razonamiento igual a la de un ser humano, se han logrado importantes avances en áreas como el procesamiento del lenguaje natural y la visión por computadora.

Entre los ejemplos más destacados de inteligencia artificial fuerte se encuentran el sistema de juego de ajedrez Deep Blue de IBM y el sistema de procesamiento del lenguaje natural Watson de IBM. Estos sistemas utilizan una combinación de técnicas de procesamiento de datos y aprendizaje automático para analizar y responder preguntas en lenguaje natural y analizar miles de posibles movimientos.

La inteligencia artificial fuerte tiene aplicaciones en diversas áreas, desde la medicina y la robótica hasta la exploración espacial y la toma de decisiones empresariales. Sin embargo, también plantea desafíos éticos y preocupaciones, como la creación de sistemas que puedan tomar decisiones éticas y morales y la necesidad de entender el contexto y las intenciones detrás del lenguaje natural.

A pesar de los avances en la inteligencia artificial fuerte, sigue siendo una pregunta abierta si alguna vez se logrará crear una inteligencia artificial con una conciencia propia y una capacidad de aprendizaje similar a la nuestra. Aunque esta idea es fascinante, algunos expertos sugieren que puede ser imposible alcanzar ese nivel de complejidad.

# ¿Cuál es el propósito de la inteligencia artificial y por qué es importante?

El propósito de la inteligencia artificial es crear sistemas y programas informáticos capaces de realizar tareas que, de otra manera, requerirían inteligencia humana para ser llevadas a cabo. Estos sistemas utilizan algoritmos y modelos matemáticos para analizar grandes cantidades de datos y reconocer patrones en ellos, para luego tomar decisiones y actuar en consecuencia.

La importancia de la inteligencia artificial radica en su capacidad para mejorar la eficiencia y la precisión de las tareas que realizamos a diario. Por ejemplo, los sistemas de IA se utilizan en la detección de fraudes en transacciones financieras, en la personalización de recomendaciones en plataformas de comercio electrónico, en la optimización de rutas de transporte y en la automatización de procesos industriales. En el campo de la medicina, la IA se utiliza para el diagnóstico y el tratamiento de enfermedades, y en la investigación científica, la IA se utiliza para el análisis y la interpretación de datos complejos.

Al parecer, la IA tiene el potencial de mejorar la calidad de vida de las personas al hacer que los procesos sean más eficientes y accesibles. Por ejemplo, los sistemas de IA se utilizan para el desarrollo de tecnologías de asistencia para personas con discapacidades, como prótesis avanzadas y sistemas de comunicación.

Otro aspecto importante, es su capacidad para mejorar la toma de decisiones y la planificación en los negocios y el gobierno. Los sistemas de IA pueden analizar grandes cantidades de datos y proporcionar información valiosa para la toma de decisiones estratégicas. Además, puede ayudar a identificar y prevenir riesgos en áreas como la seguridad cibernética y la salud pública.

Sin embargo, a medida que la IA se vuelve más sofisticada y se aplica en una variedad de campos, también se plantean preocupaciones éticas y de seguridad. Es importante que los desarrolladores de IA consideren cuidadosamente los posibles impactos de sus sistemas en la sociedad y trabajen para mitigar los riesgos asociados con el uso de la IA.

En resumen, la IA es importante porque tiene el potencial de mejorar la eficiencia, la precisión y la accesibilidad de las tareas que realizamos a diario, y puede mejorar la toma de decisiones en los negocios y el gobierno. Sin embargo, es importante considerar los impactos éticos y de seguridad asociados con el uso de la IA para garantizar que se utilice de manera responsable y beneficiosa para la sociedad en general.

# ¿Cuáles son las aplicaciones prácticas de la inteligencia artificial?

La inteligencia artificial (IA) tiene una amplia gama de aplicaciones prácticas en diversos campos, y su uso está en constante crecimiento y evolución. Algunas de las aplicaciones más comunes son:

### Asistentes virtuales y chatbots

Los asistentes virtuales y chatbots son cada vez más populares en el mundo de los negocios y se han convertido en una herramienta útil para empresas que buscan mejorar su atención al cliente, ofrecer soporte técnico o aumentar sus ventas. Estos sistemas utilizan técnicas de procesamiento del lenguaje natural para interactuar con los usuarios de manera similar a como lo haríamos los seres humanos, lo que les permite comprender el lenguaje natural y responder de manera efectiva a las preguntas y solicitudes de los usuarios.

En la atención al cliente, los asistentes virtuales y chatbots pueden ser utilizados para responder preguntas comunes y realizar tareas simples, como proporcionar información sobre productos o servicios, procesar solicitudes de devolución o realizar reservas. Esto puede reducir la carga de trabajo de los agentes de servicio al cliente y permitirles centrarse en problemas más complejos.

En el soporte técnico, los chatbots pueden ser utilizados para ayudar a los usuarios a resolver problemas técnicos comunes, como restablecer contraseñas o solucionar problemas de conexión. Esto puede mejorar la satisfacción del cliente y reducir los costos de soporte técnico.

En las ventas, los chatbots pueden ser utilizados para interactuar con los clientes y ayudarles a encontrar productos o servicios que satisfagan sus necesidades. Esto puede aumentar las ventas y mejorar la experiencia del cliente al proporcionar una atención personalizada.

## Análisis de datos

El análisis de datos es una de las aplicaciones más comunes de la inteligencia artificial. La IA se utiliza para procesar grandes conjuntos de datos y extraer información útil de ellos. Esto se hace a través de técnicas como el aprendizaje automático y la minería de datos, que permiten a las máquinas encontrar patrones y tendencias en los datos.

El análisis de datos se utiliza en diversas áreas, incluyendo el marketing, las finanzas, la salud y la seguridad. En el marketing, la IA se utiliza para analizar datos de clientes y predecir su comportamiento de compra. En finanzas, se utiliza para identificar patrones en los datos financieros y predecir tendencias del mercado. En la salud, la IA se utiliza para analizar datos médicos y ayudar en el diagnóstico y tratamiento de enfermedades. En la seguridad, se utiliza para detectar patrones sospechosos en los datos y prevenir el fraude y el cibercrimen.

El análisis de datos con IA permite a las empresas y organizaciones tomar decisiones más informadas y precisas. La capacidad de encontrar patrones y tendencias ocultas en los datos puede llevar a la identificación de oportunidades de negocio y ahorros de costos. Además, la IA puede procesar grandes cantidades de datos en tiempo real, lo que permite una toma de decisiones más rápida y eficiente.

## Automatización de procesos

La IA se utiliza para automatizar procesos repetitivos y rutinarios en diversas áreas, desde la manufactura hasta la administración y la logística. Es utilizada para desarrollar sistemas autónomos que pueden realizar tareas específicas sin intervención humana, lo que mejora la eficiencia y reduce los errores.

En la manufactura, se utiliza para automatizar procesos de producción, como el control de calidad y el ensamblaje de piezas. Esto permite que las empresas produzcan más productos en menos tiempo y con mayor precisión, lo que resulta en una reducción de costos y una mayor eficiencia.

En la logística, se utiliza para mejorar la eficiencia de la cadena de suministro y reducir los costos de envío. Los sistemas de IA pueden optimizar rutas de envío, predecir la demanda y minimizar el tiempo de inactividad, lo que mejora la velocidad y la precisión de las entregas.

En el área de la administración, la IA se utiliza para automatizar tareas administrativas, como la gestión de documentos y la programación de reuniones. Los asistentes virtuales basados en IA pueden ayudar a las empresas a ser más eficientes y a reducir los errores en los procesos administrativos.

## Reconocimiento de imágenes y video

El reconocimiento de imágenes y video es una de las aplicaciones más importantes de la inteligencia artificial. En este contexto, se utiliza para analizar y clasificar grandes conjuntos de datos visuales, lo que permite identificar patrones y tendencias. Esto tiene aplicaciones en áreas como la seguridad, la medicina y la publicidad.

En el campo de la seguridad, la IA se utiliza para analizar imágenes y videos de vigilancia en tiempo real y detectar posibles amenazas o comportamientos sospechosos. Por ejemplo, se pueden utilizar sistemas de reconocimiento facial para identificar a personas buscadas por la policía o para verificar la identidad de personas en lugares públicos.

En la medicina, la IA se utiliza para analizar imágenes médicas, como radiografías y resonancias magnéticas, y ayudar a los médicos a diagnosticar enfermedades con mayor precisión. Por ejemplo, los sistemas de reconocimiento de imágenes pueden detectar anomalías en imágenes de mamografía y ayudar en el diagnóstico temprano del cáncer de mama.

En la publicidad, la IA se utiliza para analizar las imágenes y los videos utilizados en los anuncios y evaluar su impacto en los consumidores. Esto ayuda a las empresas a crear anuncios más efectivos y atractivos para su público objetivo.

## Diagnóstico médico

a IA se ha convertido en una herramienta valiosa para la industria médica, especialmente en el análisis de síntomas y diagnósticos médicos. Esta tecnología es capaz de procesar grandes cantidades de datos médicos, incluyendo registros médicos, imágenes de diagnóstico y resultados de pruebas de laboratorio, para encontrar patrones y correlaciones que pueden ser utilizados en el diagnóstico y tratamiento de enfermedades.

Los sistemas de IA pueden ayudar a los médicos a tomar decisiones informadas y precisas sobre los diagnósticos y tratamientos. Asimismo, la IA puede mejorar la eficiencia y la precisión de los diagnósticos médicos al ayudar a detectar patrones y correlaciones en grandes conjuntos de datos.

Por otro lado, puede reducir los errores humanos y mejorar la precisión de los diagnósticos médicos. Los sistemas de IA pueden ser programados para analizar los datos de forma más rigurosa y consistente que nosotros, lo que disminuye la posibilidad de errores.

La IA se está utilizando cada vez más en la industria médica para el análisis de síntomas y diagnósticos médicos, lo que ha llevado a una mejora en la precisión de los diagnósticos y a una mejor atención al paciente.

### Conducción autónoma

La conducción autónoma es una aplicación práctica de la IA en la que se utilizan algoritmos y sensores para crear sistemas de conducción automática en vehículos. Estos sistemas utilizan datos en tiempo real para tomar decisiones sobre cómo conducir de manera segura y eficiente en diferentes condiciones de tráfico.

La IA en la conducción autónoma también permite a los vehículos comunicarse entre sí y con la infraestructura para mejorar la seguridad y la eficiencia del transporte. Además, la IA permite a los vehículos adaptarse al comportamiento de los conductores y mejorar la seguridad vial al reducir los errores humanos.

La conducción autónoma tiene un gran potencial para revolucionar la forma en que nos movemos, haciendo que el transporte sea más seguro, eficiente y accesible. Por ejemplo, podría reducir significativamente el número de accidentes de tráfico, mejorar la fluidez del tráfico y hacer que el transporte sea más accesible para personas con discapacidades. Sin embargo, aún queda mucho por mejorar para alcanzar una reducción de riesgos a su mínima expresión.

## Predicción de fraudes

La inteligencia artificial (IA) es un recurso valioso para prevenir y detectar fraudes en sistemas financieros. Los sistemas de IA analizan grandes cantidades de datos financieros en tiempo real y detectan patrones de transacciones sospechosas que pueden indicar actividades fraudulentas.

En la era digital, los delincuentes utilizan técnicas cada vez más sofisticadas para cometer fraudes, y la IA es una herramienta crucial para identificar y rastrear sus patrones de comportamiento. Las empresas y las agencias de seguridad pueden actuar rápidamente gracias a la identificación temprana de transacciones sospechosas.

La IA también puede ayudar a las empresas a identificar transacciones fraudulentas antes de que ocurran, lo que reduce el tiempo y el dinero invertido en la resolución de disputas. Además, puede mejorar la seguridad financiera mediante la detección de patrones de fraude y la identificación de áreas de riesgo potencial.

Cuando hablamos de IA en este contexto, nos referimos a una herramienta valiosa en la detección y prevención de fraudes financieros, y su uso es cada vez más importante en la era digital en la que vivimos, donde los delincuentes se vuelven más sofisticados en sus técnicas de fraude.

### Juegos y entretenimiento

La aplicación de la IA en la creación y mejora de experiencias de usuario ha transformado la industria de los juegos y el entretenimiento. Los desarrolladores utilizan la IA para mejorar la personalidad y la inteligencia de los personajes virtuales, permitiéndoles interactuar de manera más realista y emocionalmente convincente con los jugadores.

Además, los sistemas de IA personalizan la experiencia del usuario adaptando la dificultad del juego y los desafíos a las habilidades y preferencias individuales. También proporcionan recomendaciones de contenido basadas en los intereses y patrones de juego de los usuarios.

En la industria del entretenimiento, la IA se utiliza para optimizar la calidad de imagen y sonido, así como para proporcionar recomendaciones personalizadas de contenido basadas en los intereses y patrones de visualización de los usuarios.

La IA también se utiliza para analizar datos en la industria del entretenimiento, permitiendo a los productores y creadores de contenido comprender mejor las preferencias y comportamientos de los espectadores, y así crear contenido más atractivo y exitoso.

La IA ha tenido un gran impacto en la industria del entretenimiento y los juegos, mejorando la experiencia del usuario a través de la personalización y la creación de personajes virtuales más realistas, y permitiendo una mejor comprensión de las preferencias de los usuarios para la creación de contenido más atractivo y exitoso.

# ¿Cuáles son los principales métodos y técnicas utilizados en la inteligencia artificial?

La inteligencia artificial utiliza una amplia variedad de métodos y técnicas para lograr sus objetivos. Algunos de los más comunes incluyen:

**Aprendizaje automático:** es un método que permite a las máquinas aprender y mejorar a través de la experiencia, sin necesidad de ser programadas explícitamente para realizar una tarea en particular. Este enfoque se basa en algoritmos que analizan grandes cantidades de datos y utilizan esta información para mejorar su desempeño.

**Redes neuronales artificiales:** son sistemas inspirados en el cerebro humano que están diseñados para aprender a partir de datos. Estas redes están compuestas por capas de nodos interconectados que procesan información de manera similar a como lo hace el cerebro.

**Lógica difusa:** es una técnica que permite la toma de decisiones basada en grados de certeza. En lugar de simplemente clasificar los datos en categorías binarias (verdadero o falso), la lógica difusa permite una mayor flexibilidad en la toma de decisiones.

**Algoritmos genéticos:** son técnicas de optimización inspiradas en la evolución biológica. Se utilizan para encontrar soluciones óptimas a problemas que tienen muchas posibles soluciones.

**Procesamiento del lenguaje natural:** es un conjunto de técnicas que permiten a las máquinas entender y producir lenguaje humano. Esto se utiliza para una variedad de aplicaciones, desde chatbots hasta análisis de sentimientos en redes sociales.

**Visión por computadora:** es una rama de la IA que se ocupa del análisis de imágenes y videos. Se utiliza para reconocer patrones en imágenes y videos, así como para la detección de objetos y la identificación de rostros.

Lo anteriormente mencionado son solo algunos de los métodos y técnicas utilizados en la inteligencia artificial, y cada uno tiene sus propias fortalezas y debilidades. La elección de una técnica en particular dependerá del problema que se esté tratando de resolver y de los datos y recursos disponibles.

# ¿Cómo se recopilan y procesan los datos utilizados en la inteligencia artificial?

La inteligencia artificial se basa en la utilización de datos para aprender y realizar tareas que, en condiciones normales, requerirían la intervención humana. Por ello, el proceso de recopilación y procesamiento de datos es fundamental para el éxito de la IA.

La recopilación de datos se logra mediante la obtención de información de diversas fuentes, incluyendo bases de datos, registros, dispositivos de sensores y redes sociales. Una vez recopilados, los datos deben ser procesados para su uso en la inteligencia artificial.

El primer paso en el procesamiento de datos es la limpieza de estos, lo que implica eliminar información redundante, incompleta o errónea para garantizar que los datos sean precisos y confiables. Posteriormente, se realiza una etapa de preprocesamiento en la que los datos se transforman para su posterior análisis, lo que puede implicar la normalización de los valores numéricos, la conversión de los datos no estructurados en formatos analizables y la reducción de la dimensionalidad del conjunto de datos.

Después de la etapa de preprocesamiento, se aplican técnicas de minería de datos, aprendizaje automático y otras técnicas de análisis de datos para extraer información útil y patrones de los datos recopilados. La minería de datos implica encontrar patrones y correlaciones en los datos a través de la aplicación de algoritmos, mientras que el aprendizaje automático es una técnica que permite a los algoritmos aprender a partir de datos y mejorar su rendimiento a medida que se les proporciona más información.

Los algoritmos de aprendizaje automático pueden clasificarse en tres categorías principales: aprendizaje supervisado, no supervisado y por refuerzo. En el aprendizaje supervisado, los datos están etiquetados con información conocida sobre la variable de salida y se utilizan para entrenar el modelo. En el aprendizaje no supervisado, los datos no están etiquetados y el modelo debe encontrar patrones o agrupaciones de forma independiente. En el aprendizaje por refuerzo, el modelo aprende a través de la interacción con su entorno, recibiendo recompensas o castigos por sus acciones.

La calidad de los datos y la precisión de los algoritmos son factores críticos para el éxito de la IA. Los datos de mala calidad pueden afectar negativamente el rendimiento del modelo, mientras que los algoritmos incorrectos pueden generar predicciones inexactas. Además, la privacidad y seguridad de los datos son aspectos fundamentales en todo el proceso de recopilación y procesamiento de datos, por lo que es importante que las organizaciones responsables sigan las mejores prácticas de seguridad de datos para garantizar que los datos estén protegidos en todas las etapas del proceso.

# ¿Cómo se entrenan los modelos de inteligencia artificial?

Para entrenar un modelo de inteligencia artificial, se necesita una gran cantidad de datos, que se deben dividir en dos conjuntos: el conjunto de entrenamiento y el conjunto de prueba. El conjunto de entrenamiento es utilizado para entrenar el modelo, mientras que el conjunto de prueba se utiliza para evaluar su rendimiento.

El primer paso en el entrenamiento del modelo es la selección del algoritmo adecuado. La elección del algoritmo depende del problema que se desea resolver y de los datos disponibles. Los algoritmos de aprendizaje supervisado, no supervisado y por refuerzo se utilizan comúnmente en la IA.

Una vez seleccionado el algoritmo, se deben definir las características o características que el modelo debe aprender de los datos. Estas características pueden ser numéricas o categóricas y se utilizan para predecir el resultado deseado. Por ejemplo, en un problema de clasificación de imágenes, las características pueden ser los píxeles de la imagen.

Después de definir las características, se debe entrenar el modelo utilizando el conjunto de entrenamiento. El objetivo del entrenamiento es ajustar los parámetros del modelo para que pueda hacer predicciones precisas. Durante el entrenamiento, el modelo recibe datos de entrada y ajusta sus parámetros para producir una salida deseada.

El proceso de entrenamiento implica dos fases: la propagación hacia adelante y la propagación hacia atrás. Durante la propagación hacia adelante, el modelo utiliza los datos de entrada para producir una salida. Durante la propagación hacia atrás, se utiliza la salida producida para ajustar los parámetros del modelo. Este proceso se repite varias veces hasta que el modelo pueda hacer predicciones precisas sobre el conjunto de entrenamiento.

Otro desafío en el entrenamiento de modelos de IA es el sobreajuste. El sobreajuste ocurre cuando el modelo se ajusta demasiado bien al conjunto de entrenamiento y no puede generalizar a nuevos datos. Para evitar el sobreajuste, se utilizan técnicas como la validación cruzada y la regularización. La validación cruzada implica dividir el conjunto de entrenamiento en subconjuntos más pequeños y utilizarlos para entrenar y validar el modelo. La regularización implica agregar una penalización a la función de pérdida del modelo para evitar que los parámetros se ajusten demasiado bien al conjunto de entrenamiento.

Una vez que se ha entrenado el modelo, se debe evaluar su rendimiento utilizando el conjunto de prueba. El conjunto de prueba contiene datos que no se utilizaron durante el entrenamiento y se utiliza para evaluar la capacidad del modelo para generalizar a nuevos datos. Si el modelo tiene un buen rendimiento en el conjunto de prueba, entonces se puede utilizar para hacer predicciones sobre datos desconocidos.

El entrenamiento de modelos de IA implica la selección del algoritmo adecuado, la definición de las características del modelo, la división del conjunto de datos en conjuntos de entrenamiento y prueba, el entrenamiento del modelo utilizando el conjunto de entrenamiento, la evaluación del rendimiento del modelo utilizando el conjunto de prueba y la resolución de cualquier problema de sobreajuste. El entrenamiento de modelos de IA requiere un alto poder de procesamiento y grandes cantidades de datos. Además, se deben tener en cuenta la calidad de los datos y la privacidad de estos en todo momento.

# ¿Cuáles son las limitaciones y desafíos de la inteligencia artificial?

Como sabemos, la inteligencia artificial es una de las tecnologías más transformadoras de nuestro tiempo. Ha mejorado significativamente la manera en que interactuamos con la tecnología y cómo resolvemos problemas complejos. Sin embargo, junto a estos avances, también surgen desafíos significativos que se deben abordar de manera responsable.

Uno de los principales desafíos de la IA es la interpretación y transparencia de los modelos. Los modelos de IA son altamente precisos en la predicción de resultados, pero a menudo es difícil entender cómo llegaron a esa predicción. Los modelos de IA son "cajas negras" que no siempre proporcionan una explicación clara de cómo se tomaron las decisiones, lo que puede ser un problema en aplicaciones críticas como la medicina o la justicia.

Por otro lado, los algoritmos de IA pueden incorporar sesgos inconscientes a partir de los datos utilizados para entrenarlos. Es necesario abordar este problema mediante la utilización de técnicas de mitigación de sesgos y el uso de datos más diversos y representativos.

Otro desafío importante de la IA es la privacidad y la seguridad de los datos. Los modelos de IA requieren grandes cantidades de datos para su entrenamiento y mejora continua, lo que plantea preocupaciones de privacidad y seguridad. Es necesario implementar medidas de seguridad adecuadas y transparentes para garantizar la privacidad y seguridad de los datos utilizados.

La automatización del trabajo también es una limitación y desafío de la IA. Si bien esto puede aumentar la eficiencia y reducir los errores, también puede tener consecuencias negativas para los trabajadores y la economía en general. Es importante abordar este problema mediante la reeducación y la formación de los trabajadores para adaptarse a las nuevas tecnologías y el desarrollo de políticas públicas que promuevan el empleo y la inclusión social.

Otro desafío importante de la IA es la escalabilidad. El entrenamiento de modelos de IA requiere grandes cantidades de datos y recursos de computación. Es necesario abordar este problema mediante la utilización de técnicas de optimización de recursos y el desarrollo de tecnologías de computación más avanzadas y eficientes.

Por último, la IA plantea preguntas éticas y de responsabilidad que deben abordarse para garantizar que se utilice de manera responsable y beneficiosa para la sociedad. Es importante abordar estas cuestiones mediante la implementación de marcos éticos y de responsabilidad claros y transparentes y el desarrollo de políticas y regulaciones adecuadas.

Espero haber podido arrojar luz sobre algunos de los desafíos clave que enfrenta la IA. Es importante para las grandes compañías y desarrolladores independientes, trabajar para abordar estos desafíos y garantizar que la IA se utilice de manera responsable y beneficiosa para la sociedad.

# ¿Cómo se evalúa y se mide la efectividad de los sistemas de inteligencia artificial?

La Inteligencia Artificial ha modificado en un amplio espectro la forma en que interactuamos con el mundo que nos rodea, desde la forma en que compramos hasta la forma en que nos comunicamos. En este sentido, la evaluación y medición de la efectividad de los sistemas de IA es vital para asegurar su éxito a largo plazo.

En el campo de la IA, la precisión es una medida comúnmente utilizada para evaluar la efectividad de los modelos. La precisión se refiere a la proporción de predicciones correctas que hace un modelo en relación con el número total de predicciones. También se utilizan medidas como la sensibilidad y la especificidad en modelos de clasificación binaria.

La Curva ROC es una herramienta gráfica que se utiliza para evaluar el rendimiento de los modelos de clasificación binaria en diferentes umbrales de decisión. Mientras que el F-score es una medida que combina la precisión y la recuperación de un modelo. Ambas medidas son útiles cuando hay un desequilibrio entre las clases de un conjunto de datos.

Para evaluar la precisión de los modelos de regresión, se utilizan medidas como el Error Absoluto Medio (MAE) y el Error Cuadrático Medio (MSE). El tiempo de ejecución de un modelo de IA también es importante, especialmente en aplicaciones en tiempo real.

Sin embargo, es importante tener en cuenta que la evaluación y medición de la efectividad de los sistemas de IA depende en gran medida del problema específico que se está abordando y de los datos disponibles. Por lo tanto, es crucial seleccionar cui-

dadosamente las métricas y herramientas de evaluación adecuadas para el problema en cuestión.

Ninguna métrica por sí sola puede proporcionar
una imagen completa de la efectividad de un modelo
de IA. Por esta razón, es fundamental considerar una
variedad de medidas para evaluar completamente la
efectividad de los sistemas de IA.

Es importante considerar y no olvidar que la IA es
una tecnología en desarrollo y en constante evolución, por lo que aún se debe seguir trabajando ar-
duamente para mejorar su efectividad y garantizar su
éxito en el futuro.

# ¿Cómo se están utilizando actualmente los sistemas de inteligencia artificial en diferentes industrias y campos?

Los sistemas de inteligencia artificial (IA) se están utilizando actualmente en una amplia variedad de industrias y campos para mejorar la eficiencia, la precisión y la toma de decisiones. A continuación, se describen algunos de los usos más comunes de la IA en diferentes sectores:

En general, la IA está transformando la atención médica al permitir una mayor eficiencia y precisión en el diagnóstico y tratamiento de enfermedades, personalizar la atención médica para cada paciente y mejorar la experiencia del paciente. La IA en la atención médica es un ejemplo claro de cómo la tecnología puede mejorar la vida de las personas de manera significativa.

## Automotriz

La Inteligencia Artificial está transformando la industria automotriz al proporcionar soluciones más precisas y eficientes para mejorar la seguridad y la eficiencia de los vehículos. En este sentido, una de las aplicaciones más importantes de esta tecnología es la mejora de la seguridad del conductor, gracias a la detección de objetos en la carretera y al control de velocidad. Los sistemas de IA pueden analizar imágenes y datos de sensores para detectar objetos y alertar a los conductores sobre cualquier peligro potencial.

La IA también se utiliza para predecir fallos de piezas y para el mantenimiento preventivo, lo que ayuda a reducir el tiempo de inactividad del vehículo nidades de inversión y proporcionar recomendaciones personalizadas para cada cliente.

Otra tarea que la IA automatiza es la gestión de carteras y la detección de patrones de gastos. Los sistemas de IA pueden analizar los datos de las transacciones de los clientes para identificar patrones de gastos y proporcionar recomendaciones personalizadas para reducir los gastos innecesarios. Además, la IA ayuda en la gestión de carteras, analizando los datos del mercado y del cliente para hacer recomendaciones de inversión y ajustar automáticamente la cartera para maximizar los retornos.

En resumen, la IA está impulsando una transformación significativa en la industria financiera. Está mejorando la experiencia del cliente y reduciendo los riesgos asociados con la gestión financiera. La IA es una herramienta poderosa para la industria financiera, y considero que su uso continuará creciendo en el futuro.

y los costos de reparación. A través del análisis de datos de telemetría y de conducción, la IA puede identificar patrones y proporcionar recomendaciones para una conducción más eficiente, lo que ayuda a reducir el consumo de combustible y las emisiones de carbono.

Otra aplicación importante de la IA en la industria automotriz es la optimización de la eficiencia de los vehículos. Los sistemas de IA pueden analizar grandes conjuntos de datos para identificar patrones en los procesos de fabricación y hacer recomendaciones para mejorar la eficiencia y reducir los defectos, lo que a su vez mejora la calidad de la producción de vehículos.

## Manufactura

La inteligencia artificial está proporcionando soluciones más eficientes y precisas para mejorar la calidad y eficiencia de la producción. Los sistemas de IA optimizan los procesos de fabricación analizando grandes conjuntos de datos y ofreciendo recomendaciones para mejorar la eficiencia y reducir el tiempo de inactividad. Asimismo, la IA puede reducir los costos de producción mediante la identificación de patrones en los procesos de fabricación y la automatización de tareas repetitivas.

La detección de defectos en los productos es otra aplicación importante de la IA en la industria manufacturera. Los sistemas de IA analizan imágenes y datos de telemetría para detectar cualquier problema en los productos y realizar una inspección de calidad automatizada. Esto garantiza que los productos cumplen con los estándares de calidad necesarios y disminuye el número de productos defectuosos que salen de la línea de producción.

Otro campo de aplicación de la IA en la industria manufacturera es la mejora de la eficiencia energética. Los sistemas de IA analizan datos de telemetría y ofrecen recomendaciones para reducir el consumo de energía y mejorar la eficiencia en la producción. Esto no solo disminuye los costos de producción, sino que también tiene un impacto positivo en el medio ambiente al reducir las emisiones de gases de efecto invernadero.

### Agricultura

La implementación de la inteligencia artificial en la industria agrícola está teniendo un gran impacto en la producción de cultivos. Los sistemas de IA están proporcionando soluciones más precisas y eficientes para mejorar el crecimiento de los cultivos. Una de las aplicaciones clave de la IA en este sector es el monitoreo del crecimiento de los cultivos a través del análisis de imágenes de satélite y drones en tiempo real. De esta manera, los agricultores pueden tomar decisiones informadas sobre el riego, la fertilización y el control de malezas para optimizar el rendimiento del cultivo.

La IA también está siendo utilizada en la identificación de plagas y enfermedades en los cultivos. Los sistemas de IA analizan imágenes y datos de sensores para detectar cualquier signo de problemas y brindan recomendaciones precisas para el control de plagas y enfermedades. De esta manera, los agricultores pueden reducir el uso de pesticidas y mejorar la salud de los cultivos.

Otra aplicación importante de la IA en la agricultura es la predicción del rendimiento de cada cultivo. Los sistemas pueden analizar grandes conjuntos de datos, incluyendo datos meteorológicos, de suelo y de cultivo propiamente tal, para hacer predicciones precisas sobre el rendimiento. Esta información ayuda a los agricultores a planificar mejor la cosecha y a maximizar su producción.

## Servicios públicos

La inteligencia artificial está impulsando mejoras significativas en la eficiencia energética y la gestión de la energía en los servicios públicos. Esta tecnología puede analizar grandes cantidades de datos de consumo de energía para reducir el consumo en edificios e infraestructura pública. Asimismo, se utilizan para gestionar la energía renovable, optimizando el uso de fuentes más limpias y reduciendo la huella de carbono.

Además, la IA se utiliza para detectar fugas de agua y gas en la infraestructura. Estos sistemas analizan en tiempo real datos de sensores para detectar fugas y recomendar reparaciones, lo que previene la pérdida de recursos y reduce costos.

También se emplea esta tecnología en el mantenimiento predictivo de infraestructuras públicas, como carreteras, puentes y edificios. Analiza grandes conjuntos de datos, incluyendo datos de sensores y de mantenimiento, para identificar posibles problemas y programar mantenimiento de manera más eficiente. Esto reduce los costos y previene posibles fallas.

Otra aplicación destacada de la IA en los servicios públicos es la gestión de residuos. La IA analiza datos de recolección y reciclaje para hacer recomendaciones para la gestión más eficiente de residuos, lo que reduce la cantidad de residuos enviados a vertederos y mejora la tasa de reciclaje.

La inteligencia artificial está abriendo las puertas a una gestión más eficiente y sostenible de los recursos y la infraestructura.

La aplicación de la IA en los servicios públicos pareciera prometer una mayor eficiencia, reducción de costos y mejor calidad de vida para los ciudadanos, mientras se reduce el impacto ambiental.

### Retail

La incorporación de la inteligencia artificial en el sector del comercio minorista está produciendo una significativa transformación en la forma en que las empresas interactúan con sus clientes y realizan operaciones comerciales. Uno de los aspectos más destacados de la IA en este sector es su aplicación para personalizar la experiencia de compra. Los sistemas que utilizan esta tecnología analizan grandes conjuntos de datos de compras y comportamientos de los clientes para ofrecer recomendaciones y ofertas personalizadas. De esta manera, los minoristas pueden mejorar la lealtad del cliente y aumentar sus ventas.

Por otro lado, al igual que en el caso de las finanzas, la IA se utiliza para la detección de fraudes en el comercio. Los sistemas de IA analizan transacciones y comportamientos sospechosos para identificar posibles casos de fraude, lo que permite a los minoristas reducir los costos de fraude y mejorar la seguridad de las transacciones.

Otro uso importante de la IA en el comercio minorista es su capacidad para analizar grandes conjuntos de datos de ventas y compras. Los sistemas de IA pueden analizar patrones de compra y tendencias del mercado para proporcionar recomendaciones de precios e inventario. Esto ayuda a los minoristas a mejorar la eficiencia de sus operaciones y a maximizar sus ganancias.

Por otro lado, en cuanto a la gestión de inventario, los sistemas de IA analizan los niveles de este y las tendencias de compra para ofrecer recomendaciones de reordenamiento y optimización de los niveles de inventario. De esta manera, los minoristas pueden reducir los costos asociados y mejorar la satisfacción del cliente asegurándose de que los productos estén disponibles en el momento adecuado.

La IA está permitiendo una personalización más eficiente y una mejor gestión de las operaciones comerciales. La detección de fraudes, el análisis de grandes conjuntos de datos y la gestión de inventario son solo algunos de los usos más destacados de la IA en este sector. La aplicación de la IA en el comercio minorista promete mejorar la eficiencia y la satisfacción del cliente, lo que a su vez puede aumentar las ganancias y la competitividad de las empresas minoristas.

## Recursos humanos

La incorporación de la inteligencia artificial en los recursos humanos ha provocado una importante transformación en la forma en que las empresas gestionan y contratan a su personal. En concreto, la IA se utiliza para mejorar la selección y contratación de personal, la automatización de procesos de nómina, la monitorización del rendimiento y la satisfacción de los colaboradores.

Una de las aplicaciones clave de la IA en los recursos humanos consiste en mejorar la selección y contratación de personal. Los sistemas de IA pueden analizar grandes volúmenes de datos de solicitudes de empleo, currículums y entrevistas identificando patrones y características comunes de los candidatos más exitosos. Esto permite a los departamentos de recursos humanos tomar decisiones más informadas y eficientes a la hora de contratar nuevos empleados.

La IA también se utiliza para la automatización de procesos de nómina. Los sistemas procesan grandes cantidades de información de nómina de manera más rápida y eficiente que los procesos manuales, reduciendo los errores y costes de la nómina. La automatización de procesos de nómina permite a los departamentos de recursos humanos enfocarse en otras áreas importantes de su trabajo.

Otra aplicación importante de la IA en los recursos humanos es la monitorización del rendimiento y la satisfacción del personal. Los sistemas de IA pueden analizar datos de rendimiento, comentarios de los empleados y encuestas de satisfacción para identificar áreas de mejora y oportunidades de desarrollo para los colaboradores. Esto ayuda a los departamentos de recursos humanos a tomar decisiones más informadas sobre la gestión y desarrollo del personal.

La IA también se utiliza para identificar a los empleados en riesgo de abandonar la empresa. Los sistemas de IA pueden analizar los datos de rendimiento y comportamiento de los empleados para identificar patrones comunes asociados con la intención de renunciar. Esto permite a los departamentos de recursos humanos tomar medidas proactivas para retener a los empleados valiosos y reducir la rotación de personal.

La automatización del proceso de formación y desarrollo de los empleados es otra aplicación importante de la IA en los recursos humanos. Los sistemas de IA analizan los datos de rendimiento y habilidades de los empleados para identificar áreas de fortaleza y debilidad, y recomiendan cursos de formación y desarrollo personalizados para cada empleado.

Estos son solo algunos ejemplos de cómo se están utilizando actualmente los sistemas de IA en diferentes industrias y campos. La lista de aplicaciones de la IA sigue creciendo a medida que las organizaciones continúan explorando nuevas formas de aprovechar el poder de esta tecnología.

# ¿Cuáles son las implicaciones éticas y sociales de la inteligencia artificial?

La inteligencia artificial es una de las tecnologías más fascinantes y revolucionarias de nuestro tiempo. Promete transformar radicalmente nuestra sociedad y nuestra forma de vida, sin embargo, plantea también una serie de implicaciones éticas y sociales importantes que deben ser consideradas y abordadas.

Una de las principales preocupaciones éticas relacionadas con la IA es el impacto en el empleo. A medida que la IA se vuelva más sofisticada y capaz de realizar tareas complejas, es posible que reemplace a trabajadores humanos en una variedad de sectores. Esto podría tener un impacto negativo en la economía y en la calidad de vida de las personas, especialmente aquellas que dependen de trabajos de baja calificación y remuneración.

Por otro lado, existe la preocupación de que la IA pueda perpetuar y ampliar la discriminación y la desigualdad. Si los algoritmos de la IA se basan en datos históricos sesgados o incompletos, es posible que produzcan resultados injustos y discriminatorios. También es posible que la IA perpetúe y amplíe las desigualdades de acceso y uso entre los grupos socioeconómicos y geográficos.

Otra preocupación ética relacionada con la IA es la privacidad y la seguridad de los datos. A medida que la IA se utiliza cada vez más para recopilar, analizar y utilizar grandes cantidades de datos personales, existe el riesgo de que se produzcan violaciones de privacidad y seguridad. Los datos recopilados por la IA pueden ser utilizados para fines no previstos, como el control social, la manipulación de la opinión pública y la vigilancia masiva.

Además, existe la preocupación de que la IA pueda deshumanizar las interacciones sociales y disminuir la empatía y la compasión. Si la IA se utiliza para proporcionar atención médica o asesoramiento psicológico, por ejemplo, es posible que los pacientes se sientan deshumanizados y desatendidos. También es posible que la IA perpetúe los prejuicios y las creencias estereotipadas al imitar los patrones de comportamiento humano existentes.

Por último, existe la preocupación de que la IA pueda ser utilizada con fines malintencionados, como la guerra cibernética, la manipulación de la opinión pública y la propagación de la desinformación. Es posible que la IA sea utilizada por gobiernos autoritarios o grupos terroristas para perpetuar la violencia y la opresión.

Es evidente que la IA plantea importantes cuestiones éticas y sociales que deben ser consideradas y abordadas. Es importante que los desarrolladores, los reguladores y los usuarios de la IA trabajen juntos para asegurarse de que la IA se utilice de manera ética y responsable. Debemos ser conscientes de las posibles implicaciones negativas de la IA y tomar medidas para minimizar sus efectos perjudiciales. Solo así podremos aprovechar todo el potencial transformador de esta tecnología para el bienestar de la humanidad.

# Conclusión

La inteligencia artificial es una de las tecnologías más prometedoras y revolucionarias del siglo XXI. A medida que la IA sigue avanzando, es importante que reconozcamos tanto su potencial como sus posibles riesgos y efectos secundarios.

En este libro, hemos explorado los diversos aspectos de la IA, abordados desde simples interrogantes. Hemos discutido los beneficios de la IA, como su capacidad para mejorar la eficiencia y la precisión en una variedad de sectores, y también hemos considerado las implicaciones éticas y sociales que a mi juicio deben ser abordadas con suma importancia.

A medida que avanzamos hacia un futuro cada vez más impulsado por la IA, es fundamental que consideremos no solo cómo la tecnología puede mejorar nuestras vidas, sino también cómo podemos asegurarnos de que se utilice de manera responsable y ética. Debemos trabajar juntos, como sociedad, para garantizar que la IA sea una herramienta que mejore nuestra calidad de vida y no cause daño o perjuicio a ningún grupo de personas.

Espero que haya sido una guía útil para navegar por este campo fascinante y en constante evolución, y que inspire a los lectores a seguir aprendiendo sobre la IA y sus posibilidades.

## Fuentes

1.- "AI, Robotics, and the Future of Jobs" de Pew Research Center: https://www.pewresearch.org/internet/2014/08/06/future-of-jobs/

2.- "Artificial Intelligence and Ethics" de Stanford University: https://plato.stanford.edu/entries/ethics-ai/

3.- "The Ethics of Artificial Intelligence" de Harvard Business Review: https://hbr.org/2019/04/the-ethics-of-artificial-intelligence

4.- "Artificial Intelligence and Human Interaction" de Oxford University Press: https://www.oxfordhandbooks.com/view/10.1093/oxfordhb/9780199682383.001.0001/oxfordhb-9780199682383-e-26

**Nota:** considero importante destacar que las fuentes informadas solo fueron consultadas como referencia. En caso alguno fueron utilizadas de manera textual o explícita en la redacción de esta obra.